AF348208

LE GALÉGA

NOUVEAU FOURRAGE

MANUEL

A L'USAGE

DES CULTIVATEURS DE CETTE PLANTE

PAR

M. l'Abbé REYNARD

Vicaire à Montrottier (Rhône)

> Le Galéga cultivé avec intelligence sera la
> fortune de nos agriculteurs.
> *Nihil sub sole novum.* — Il n'y a rien de
> nouveau sous le soleil.

Prix. 60 Centimes

LYON

SE TROUVE CHEZ L'AUTEUR

A MONTROTTIER (Rhône).

A MES LECTEURS

La première édition de ma très-modeste brochure, s'étant écoulée avec une rapidité qui m'a montré à quel point le progrès agricole vous intéressait ; je vous en offre une seconde un peu plus complète.

J'espère, Messieurs, que, sérieux comme vous l'êtes, et aimant à voir le fond de toutes choses, vous me saurez gré de ce nouveau travail, et que, n'hésitant pas, après l'avoir médité, à répandre la culture de cette fourragère, nouvelle pour vous, mais très-ancienne cependant, vous mériterez le titre de propagateurs du galéga que je vous concède à l'avance.

J'ai conservé dans cette seconde édition la forme interrogative, parce qu'elle a plu à tout le monde, et qu'elle répond nettement à toutes les questions qui m'ont été adressées dans chacune des lettres que j'ai reçues.

Faire le bien à nos semblables, c'est le but de notre vie. Or, je crois que la culture du galéga, **sa** vulgarisation parmi nous, est un grand bienfait auquel nous devons tous concourir.

C'est pourquoi j'ai écrit ces quelques lignes sur le galéga, ayant présentes à l'esprit ces paroles d'un auteur arabe :

« Celui qui croit avoir découvert une **vérité utile**, et qui n'en fait pas profiter ses frères, Dieu, au jour du jugement, le bridera d'un mors de feu. »

J. R.

LE GALÉGA

NOUVEAU FOURRAGE

MANUEL

A L'USAGE DES CULTIVATEURS DE CETTE PLANTE

CHAPITRE PREMIER.

La Question Fourragère.

Q. — Que pensez-vous de la question fourragère?

R. — Je pense qu'elle est de toutes les questions agricoles la plus importante, et que la production des fourrages est à la production agricole en général, ce que sont les fondements au reste de de l'édifice. Sans fourrage, en effet, point de bétail, sans bétail, point d'engrais, sans engrais, point de culture. Donc, point de culture sans fourrage, et surtout, point de bonne culture sans beaucoup de fourrage. — La proportion des fourrages créés et consommés dans une ferme, donne la mesure certaine, sauf de rares exceptions, de l'état où s'y trouve la culture, et dans toute exploitation, ce qui tient la première place, c'est la prairie.

Q. — Pourquoi cherchez-vous à propager un nouveau fourrage?

R. — Afin de rendre service à mon pays.

Q. — N'avons-nous pas déjà la luzerne, le trèfle, le sainfoin, le maïs et les fourrages de prairies?

R. — Oui, et c'est une de nos richesses. Mais s'il se rencontre quelque plante utile, pourquoi ne pas s'efforcer de la faire connaître.

Q. — A qui devons-nous en France la réhabilitation du galéga?

R. — A M. Gillet-Damitte, officier d'instruction publique, recommandable par ses travaux sur l'enseignement et sur l'agriculture. Mû par les sentiments les plus dignes d'éloges. M. Gillet-Damitte a cultivé le galéga, a fait faire de nombreuses expériences, qui toutes ont amené une solution favorable à cette plante. — Dans un ouvrage plein de science et qui m'a servi de guide dans mes expériences comme dans mes écrits, sur le galéga, M. Gillet-Damitte parle de la culture du galéga, de son usage, de son profit avec une conviction irrésistible. L'opuscule que j'offre au public est surtout destiné aux cultivateurs ; c'est un manuel-pratique à leur usage. Quoique le galéga ne soit pas nouveau, ainsi qu'on le dit avec raison, ses bienfaits pour l'agriculture le sont évidemment, puisqu'il n'a guère été cultivé jusqu'à présent. Je suis donc heureux de rendre à M. Damitte ce témoignage de reconnaissance et tous les agriculteurs le seront comme moi.

Q. — Le galéga est donc une plante bien utile?

R. — Oui. — Car, outre M. Gillet-Damitte, qui en a dit de si belles choses, nous avons le témoignage des anciens auteurs, qui l'ont recommandé comme plante fourragère, et surtont nous avons la pratique de l'Allemagne et de l'Italie, où le galéga est en honneur.

CHAPITRE II.

Description du Galéga.

Q. — Qu'est-ce que le galéga?

R. — Le galéga est une plante de la famille des légumineuses. On donne le nom de légumineuses à toutes les plautes herbacées cultivées au point de vue économique. Or le galéga étant cultivé à ce point de vue mérite ce nom de légumineuse. De plus c'est une plante fourragère parce qu'on la donne au bétail comme le fourrage des prairies.

Q. — Faites-nous la la description du **galéga**, au point de vue botanique.

R. — En voici une de M. l'abbé Cariot, l'illustre botaniste du Rhône, qu'il nous a gracieusement communiquée, en nous félicitant de nous occuper si justement de propager le galéga :

« *Galega officinalis* (L.). — Tige de 5-10 décim., droite, rameuse, fistuleuse, feuilles imparipennées, à 5-10 paires de folioles ovales-oblongues, terminées par une pointe subulée, veinées en dessous, la terminale ordinairement échancrée ; calice tubuleux-campanulé, à cinq dents subulées ; corolle à étendard oboval-oblong, à carène obtuse, **ayant** ses deux pétales soudés ; style glabre, filiforme, à stigmate en tête ; gousse sessile, linéaire-cylindracée, striée obliquement, bosselée par les graines ; fleurs blanches, bleuâtres ou lilacées, disposées **en** grappes axillaires, multiflores, longuement pédonculées. ♃ *Fl.* en juillet-août. »

Cette espèce croît spontanément dans les **haies** humides, sur les bords des fossés et dans les **prai**ries d'une partie de la France. On la trouve notamment dans le département de l'Ain, autour **du lac** de Bar et près du château de Seyssel, non loin **de** Belley.

— Voici ce que dit Jaumes Saint-Hilaire :

« *Galéga officinal*, famille des légumineuses, système sexuel diadelphie décandrie, vulgairement le *Lavanèze, Rue de chèvre*. Cette plante croît naturellement dans plusieurs parties de la France; elle est très-commune dans les prairies du Piémont. Elle fleurit en juillet et août.

« On cultive le galéga *comme un bon fourrage*, en le mêlant au sainfoin et au trèfle; mais lorsque ses tiges sont trop dures, les bestiaux ne les mangent pas. Le galéga est vivace et rustique. On le multiplie facilement par ses graines, semées dans tout terrain.

Nous trouvons dans un ouvrage du docteur Cazin un passage sur le galéga qui peut intéresser en sa faveur.

Galéga officinal. — Cette belle plante vivace, habite les prés, le bord des ruisseaux où elle forme des touffes de verdure d'un aspect fort agréable. Dans certaines contrées elle sert de fourrage aux bestiaux. Les chèvres la recherchent.

Voici un passage tiré des commentaires d'un savant sur Dioscorides :

« Galéga, plante qui croît sur les bords de la mer. En Italie on l'appelle Lavanèse ou Lavamini parce que les paysans trouvant cette herbe le long des ruisseaux, s'en essuient les mains et se lavent ni plus ni moins que si c'était du savon. — Le galéga se trouve à l'état naturel dans les lieux humides et aquatiques, sur les bords des fossés, dans les montagnes et presque partout. — Il produit une tige d'une coudée et demie, et quelquefois plus, branchue et environnée de feuilles longues et grassettes, attachées dix par dix, ou onze par onze, à une seule queue. Ses fleurs sont blanches à la cime, purpurines de couleur, desquelles sortent de petites gousses qui portent la graine. »

Dans le *Dictionnaire de Médecine*, du docteur Méra, édité en 1831, nous trouvons encore quelques détails intéressants sur le galéga :

« *Galéga officinal* ou *Rue de chèvre*. Cette grande plante vivace, dit-il, qui se fait remarquer dans les taillis élevés de notre pays, en Italie et ailleurs, par ses belles grappes de fleurs bleu pâle, doit son nom de Rue de chèvre à sa qualité fourragère qui est très-marquée, ce qui la fait cultiver en grand sous ce rapport. — En Italie c'est une plante potagère et fourragère en même temps. »

Q. — D'où vient le galéga?

R. — Il est inutile de vouloir fixer d'une manière positive le lieu où il a pris naissance. Il se trouve partout, en Asie et en Europe. On le trouve actuellement à l'état naturel ou cultivé, dans l'Italie, l'Allemagne, l'Angleterre et la France. Nous avons vu que M. l'abbé Cariot en a trouvé auprès du château de Seyssel (Ain); moi-même j'en ai vu dans les bois qui entourent Montrottier.

Q. — Le galéga n'est donc pas une nouvelle plante?

R. — Non. — Il est dit quelque part qu'il n'y a de nouveau que ce qu'on a oublié. C'est très-vrai pour le galéga. Il paraît nouveau à ceux qui n'y pensaient pas ou qui ne l'avaient pas vu, mais il est connu depuis longtemps et les auteurs anciens l'ont toujours considéré comme une excellente fourragère. Jusqu'ici on ne l'a semé en France que dans les jardins.

Q. — Quelles sont les causes qui ont fait oublier le galéga et qui retardent la propagation de sa culture comme fourragère?

R. — La routine, le préjugé, une foi aveugle aux dires hasardés de quelques agronomes, et par dessus tout, l'ignorance.

Q. — Pourriez-vous citer quelque plante qui ait eu à lutter contre tous ces obstacles?

R. — La luzerne, le trèfle, la pomme de terre et le maïs. Il a fallu des siècles pour que la luzerne s'acclimate parmi nous. Le trèfle est de date récente introduit dans l'agriculture. La pomme de terre a mis deux cents ans pour devenir, en France, l'aliment du pauvre et du riche. Le maïs, dans les pays de montagnes, a été longtemps rejeté par les paysans. A Montrottier, par exemple, ce n'est que depuis une dizaine d'années qu'ils le cultivent, il y réussit bien, c'est un aliment très-bon pour le bétail et cependant la routine n'en voulait pas.

Q. — Que concluez-vous de tout ce qui a été dit?

R. — J'en conclus que le galéga, avant de pénétrer dans la classe des paysans, aura bien des difficultés à vaincre, et que c'est aux hommes intelligents, aux amateurs du progrès, à ceux qui ont à leur service la publicité des journaux, de se mettre à la tête du mouvement, afin de prouver que le galéga est un bon fourrage, et qu'il enrichira la France entière.

Q. — Avant de terminer ce chapitre, dites-nous quels sont les principaux éléments contenus dans le galéga?

R. — M. Gillet-Damitte dans un de ses ouvrages cite une analyse chimique de M. Gaucheron, pharmacien, à Orléans. Afin de nous rendre compte de la qualité plutôt que de la quantité essentiellement variable des principaux éléments du galéga, nous avons eu recours à M. Sarret, pharmacien chimiste, à Lyon, et à M. Ollagnier, pharmacien, à l'Arbresle, nos amis. — Après un travail consciencieux et fait dans des lieux différents, le résultat de leur analyse a été le même, et ils ont trouvé dans le galéga réduit en cendres les éléments suivants dont la connaissance nous sera extrêmement utile au chapitre des engrais.

Ces éléments principaux, sont :

Les phosphates { de chaux.
{ de magnésie.

Le calcaire . . . . . carbonate de chaux.

Les alcalis { soude.
{ potasse.

Quant à la quantité de ces éléments, elle varie avec chaque expérimentateur, et sa connaissance est peu utile au commun des cultivateurs.

CHAPITRE III.

Où faut-il semer le Galéga et quels engrais faut-il employer?

Q. — Où faut-il semer le galéga?

R. — Tout terrain lui convient, et il s'en accommode.

Voici ce que dit la *Maison Rustique* : — Galéga, plante légumineuse dont les deux espèces qu'on cultive en pleine terre, croissent dans tous les terrains, même les plus médiocres et sans profondeur, et ne craignent ni les froids ni la sécheresse.

Q. — Cette réponse est trop générale, expliquez-là, et donnez-nous quelques indications qui puissent faire connaître à tout cultivateur la qualité de son terrain?

R. — Il y a d'après les divisions naturelles et scientifiques trois espèces de terrains principaux.

I. — Le terrain argileux, reconnaissable aux caractères distinctifs suivants :

1° Colorié plus ou moins en brun, en jaune ou en rouge ;

2° Odeur et saveur argileuse. Il happe à la langue ;

3° Il a beaucoup de compacité et de ténacité; ainsi, quand on en prend dans la main, la masse s'agglomère et garde longtemps la forme qu'on lui a donnée.

4° Il se crevasse en temps de sécheresse, se couvre d'eau pendant la pluie, et adhère fortement aux pieds ;

5° Après le labour, il reste en mottes ;

6° Sec, il absorbe l'eau en quantité ;

7° Un fragment jeté dans de l'acide sulfurique, étendu de deux parties d'eau, ne produit pas d'effervescence ;

8° Mise au feu, la terre argileuse se durcit et ne peut plus ni absorber l'eau ni se délayer ;

La terre argileuse est forte ou franche; forte, elle contient 50 pour °/₀ d'argile, 30 pour °/₀ de sable et 20 pour °/₀ de calcaire ;

Franche, elle contient du sable depuis 30 jusqu'à 50 pour 0/0.

Ce terrain convient passablement au galéga et il s'en accommode. — On a semé, en effet, du galéga dans des sols très-compactes, formés d'argile imperméable, et il a bien réussi. — Nous citerons, entre autres pays, Lamotte-Beuvron (Loir-et-Cher) et le Gâtinais, ainsi que Montrottier.

II. — La seconde espèce de terrain est le terrain sablonneux ou siliceux.

Ses caractères distinctifs sont :

1° Une couleur jaunâtre ou brunâtre, parfois un blanc plus ou moins pur ;

2° Il n'a aucune consistance dans ses parties. — Une masse de ce terrain s'agglomère mal, et les parties restent pulvérulentes :

3° Il est rude au toucher ;

4° Il est très-perméable et ne peut retenir l'eau, il est donc généralement sec, à moins qu'au-dessous ne se trouve une couche d'argile ;

5° Il s'échauffe au soleil ;

6° Il ne contracte nulle adhérence aux pieds ;

7° Il se délaie facilement dans l'eau, sans former de pâte avec elle ; .

8° Une masse de ce terrain jetée dans un acide ne fait pas d'effervescence ;

9° La chaleur le dessèche, sans le durcir. Ce terrain se rencontre dans la Sologne, sur les bords de l'Océan. — Dans ces divers pays, on a semé du galéga, en Normandie, dans les landes de Bordeaux, dans des terrains sablonneux de Montrottier et le résultat, au point de vue du rendement, quoique inférieur à celui d'un bon terrain a été excellent comme résistance à la sécheresse.

III. — La troisième espèce de terrain est celui qu'on appelle calcaire,

1° Il est de couleur blanchâtre ;

2° Offre peu de ténacité ;

3° Il est sec et aride, parce que le sous-sol, en général, absorbe rapidement l'humidité. La pluie le rend boueux ;

4° Humide, il s'attache aux pieds ;

5° Il se délaie facilement dans l'eau ;

6° Il fait effervescence avec les acides ;

7° La chaleur le dessèche sans le durcir.

Ce sol, en général, peu productif, ne convient pas, s'il est pur, au galéga. Cependant il en faut dans toute terre où on le sème, et si un terrain était dépourvu de tout principe calcaire, il faudrait y suppléer par des engrais de cette nature.

Q. — Les terrains d'alluvion comme ceux qui composent la plupart du temps les îles qui se trouvent dans nos fleuves ou à leur embouchure, tels que le Rhône, la Loire, certaines plaines et vallées de la France, conviennent-ils au galéga?

R. — Oui, car ces terrains, en général, sont gras, humides, et le galéga y viendra très-bien.

Q. — Quelle est la terre la plus favorable au galéga?

R. — La terre humide, même à l'excès, le bord des ruisseaux, les prés et les sols marécageux. Mais je le répète, il s'accommode de tout, et rend proportionnellement à la bonté du terrain où il est semé. Cette plante, dit le *Dictionnaire universel*, donne un fourrage précieux par sa grande vigueur, son produit considérable et sa longue durée ; *dans les terres fortes et humides*, il donne davantage ; *dans les terres sèches et légères*, l'herbe est plus fine, plus savoureuse.

Q. — Et si on mettait du galéga dans un mauvais terrain, qu'arriverait-il?

R. — A cause de sa fécondité surprenante, il produirait toujours beaucoup plus que les autres fourrages semés dans cette terre ; par exemple, vous semez de la luzerne, du trèfle et du sainfoin en terrain mauvais : la luzerne, c'est à peu près sûr, donnera zéro, le trèfle de même, le fourrage de prairie, un, et le galéga, le double du foin de prairie. Pourquoi? parce que la luzerne demande une excellente terre pour produire, et ne donne rien dans une mauvaise. — L'expérience est là pour le prouver.

Voici comment j'ai expérimenté : Dans un terrain de bonne nature, on a semé le même jour du trèfle, de la luzerne et du galéga. Les trois espèces de plantes ont poussé, mais au bout de trois mois, le galéga les dominait de beaucoup par sa hauteur. En terrain médiocre, le galéga a conservé la prééminence sur ses deux voisins. En mauvais terrain, la luzerne a donné zéro, le trèfle a poussé lentement, et le galéga a donné relativement un jet bien plus vigoureux que celui du trèfle.

Q. — A quelle exposition faut-il semer le galéga?

R. — Toutes les expositions lui conviennent, cependant l'ombre lui est défavorable, il veut la lumière.

A Montrottier, j'ai semé du galéga en plein soleil, il a très-bien réussi. J'en ai semé à l'ombre des arbres et d'une maison : le soleil n'échauffant ma culture que de neuf heures du matin à cinq heures du soir, en été, mes plantes ont germé ; mais elles sont restées petites, sans vigueur, à feuillage jaunissant, d'où je conclus qu'il faut de la lumière au galéga.

Q. — Faut-il que le terrain où on sème le galéga soit profond ?

R. — Si le terrain est profond, c'est mieux, sans doute, mais 25 centimètres sont bien suffisants.

Q. — Qu'en résulte-t-il?

R. — Que le galéga peut venir dans des terrains où la luzerne, le trèfle ne peuvent pas pousser, car ces plantes ont des racines plus ou moins pivotantes, tandis que le galéga pivote au plus à 25 centimètres et prend possession du sol en s'élargissant.

Si le terrain où on la sème (la luzerne) offre deux mètres de bonne terre, elle pénètre à deux mètres. Le galéga, au contraire, a des racines éparses, comme le disent les botanistes, il est chevelu, s'élargit peu à peu, gagne en superficie plus qu'en profondeur. On n'a, du reste, qu'à tirer de terre une plante de galéga, d'un an, et on pourra s'assurer de ce que j'avance.

Q. — Le galéga craint-il la chaleur et la sécheresse ?

R. — Non, pourvu qu'il soit formé et adulte, il ne les craint pas.

Le galéga, on peut le dire, a quelque chose de la nature du paysan : il est robuste, comme lui, et jouit d'une insensibilité très-grande.

Notre culture de 1869 a supporté, sans presque les ressentir, les chaleurs dévorantes des mois de juin, juillet, août et septembre. — La plante n'a pas donné un rendement aussi considérable, bien entendu, à cause de la disette des sucs nutritifs de la terre, mais elle a conservé ce qu'elle avait acquis de fraîcheur ; et pendant que trèfle, maïs, luzerne et sainfoin étaient grillés, le galéga restait aussi vert qu'au printemps. Aussi un paysan, voyant cette verdure merveilleuse, me disait, au fort des chaleurs :

Monsieur, je voudrais bien avoir 10 hectares de galéga comme le vôtre.

Ainsi le galéga ne craint pas la sécheresse. N'of-
frit-il que cet avantage aux agriculteurs, ce serait
déjà très-utile pour eux ; car ils trouveraient dans
cette plante du fourrage vert au plus fort de l'été.
C'est précisément ce qui leur manque d'ordinaire,
en France. Car, sauf quelques prairies, situées dans
des vallées ou des bas-fonds, constamment humides
et toujours verdoyants, la plupart des pâturages
sont stériles pendant deux ou trois mois de l'année,
à l'époque où leur rendement de fourrage serait
le plus nécessaire. — Le galéga est donc une res-
source pour les pays chauds, comme le midi de la
France et l'Afrique, où le bétail périt ou n'a plus de
lait en été à cause du manque de verdure.

Q. — Le galéga craint-il les froids de l'hiver ?

R. — Non, parce qu'il est vivace et dure de longues années. Or, une plante vivace ne doit ni craindre le froid, ni succomber à l'âpreté des gelées,
sinon, elle n'est pas vivace. Du reste, pour que le
galéga persiste quinze ans et indéfiniment dans un
terrain, il faut bien qu'il soit insensible au froid. Il
est plus rustique que les autres fourrages, et ne
redoute pas plus qu'eux les rigueurs de la température. J'ai vu des pieds de galéga de quinze ans.
Dans cet espace de temps, il y a eu des hivers où
le froid est allé jusqu'à 14 degrés, et le galéga y a

résisté. Ce n'est pas tout, il est des plantes vivaces, la réglisse, par exemple, qui aux premières gelées se dépouillent de leurs feuilles ; le galéga conserve les siennes aussi vertes qu'au printemps. — L'hiver l'endort, mais ni il ne le tue, ni il ne le dépouille. Cependant, quand on sème le galéga en automne, si la plante, pour une cause ou pour une autre, n'a pas eu le temps de se fortifier et se trouve *laiteuse*, le froid peut l'endommager et la déchausser.

Q. — Que faut-il faire alors?

R. — Il faut couvrir le galéga d'une couche de fumier, qui entretiendra une chaleur salutaire à la jeune plante, mais cette précaution, on le comprend, ne peut se prendre que dans des terrains peu étendus.

Q. — Quelle est la durée du galéga dans un même terrain ?

R. — Sa durée peut aller jusqu'à quinze ans, si l'on veut, mais de fait elle est indéfinie. A l'Arbresle (Rhône), j'ai vu des pieds de galéga qui avaient au moins quinze ans. Comme on ne les avait pas fauchés, ils étaient devenus arborescents et ligneux. Le galéga, par sa durée, l'emporte donc sur la luzerne qui use assez vite un terrain, et sur le trèfle qui doit occuper le sol une année ou deux au plus, sans quoi, il fatigue la terre et la rassasie.

Q. — Faut-il fumer le sol où on sème le galéga?

R. — Sans doute : la terre, on le sait, se dépouillant de ses sucs nutritifs en faveur des plantes, si on ne lui rend pas, sous forme d'engrais, ce qu'on lui enlève sous forme de récolte, elle sera vite usée, quelque bonne qu'elle soit, et une culture avantageuse deviendra impossible.

Q. — Quels sont les engrais favorables au galéga?

R. — Il faut établir en principe que le meilleur engrais pour une culture quelconque, est celui qui renferme le plus d'éléments azotés d'abord, et ensuite le plus d'éléments semblables à ceux qui entrent dans la composition de la plante à faire pousser.

Le galéga renferme des éléments azotés, phosphatés, calcaires et alcalins. Les engrais de cette composition lui seront donc très-favorables.

Nous mettons en première ligne le fumier de ferme que tout le monde peut avoir chez soi, en plus ou moins grande quantité. C'est le plus riche de tous, et s'il fait défaut, nous conseillons les engrais dont les noms suivent, à savoir :

— Le plâtre cuit ou crû — on le sème sur le galéga, quelques jours après en avoir fait une coupe — c'est un montant donné à la plante, pour activer sa végétation et obtenir en peu de temps une bonne récolte. A Montrottier, nous avons fait l'expérience suivante : étant donnés deux carrés de galéga, nous en avons plâtré un et privé l'autre de ce stimulant.

— Le carré plâtré a donné, en un mois et demi, une

belle coupe, les feuilles de la plante étaient d'un vert foncé révélant une puissante végétation, tandis que l'autre carré, tout en donnant de belles pousses, était loin d'égaler la vigueur de celui que nous avions traité au plâtre. Quant à la quantité à répandre sur un hectare, trois hectolitres suffisent. — Je ferai remarquer, en passant, que l'usage du plâtre est inutile dans les terrains marécageux, humides et calcaires.

— Les cendres de bois, en raison des sels de potasse et de soude qu'elles contiennent, sont convenables à la culture du galéga, surtout s'il est semé en terrain argileux — les charrées ou cendres lessivées sont excellentes. On les fait entrer par le bêchage dans la composition du sol. On emploie les cendres à la proportion de 25 hectolitres par hectare. Si on sème le galéga dans une terre froide. humide ou argileuse, on peut utiliser la cendre de houille.

— Le sel marin, à raison de 150 kilos à l'hectare, peut être employé.

Nous conseillons également les chiffons de laine, les râpures de corne, le guano, la colombine ou fiente de pigeon, la suie de houille et de bois, le noir animal et autres semblables. Enfin, on peut engraisser le terrain destiné au galéga avec un compost, en variant sa composition, suivant la nature du terrain où on doit semer.

Ainsi, pour un terrain argileux, on stratifiera des lits de plâtre en morceaux, de mortier de démolition, avec des lits de fumier de litières de mouton et de cheval, de balayages des cours, de la marne ou du calcaire, du limon vaseux, des tas de mauvaises herbes. — On laissera fermenter toutes ces matières, ainsi stratifiées, on les mélangera et on les portera sur le champ à fumer.

— Pour les terrains légers ou calcaires, le compost se forme de principes argileux, de substances compactes, de fumiers froids. — La tourbe, le tan, le bois pourri, les feuilles d'arbres, les débris de paille, la poussière des greniers à foin, les débris d'animaux ou de boucherie, cadavres de bêtes mortes, sang des animaux, toutes ces substances et beaucoup d'autres, peuvent former un excellent compost. Par ce moyen, on peut améliorer le terrain destiné au galéga avec beaucoup de succès et surtout peu de dépense. — On le voit, le compost n'est que la réunion de toutes sortes d'engrais qui, pris séparément, conviennent bien au galéga, — à cause de leurs éléments, semblables à ceux qui entrent dans sa composition.

Enfin un excellent engrais pour le galéga, c'est le galéga lui-même. Les substances minérales, comme celles qu'il contient absorbées dans son tissu et charriées par la sève dans ses organes, contribueront puissamment à son développement.

Car, de même qu'il faut, autant que possible, porter dans un champ destiné à une culture spéciale un fumier dans lequel soit entré, pour le former, le plus de débris de la même nature de récolte, afin que la plante puisse les absorber, de même en est-il pour le galéga. On peut être sûr qu'en fumant le galéga par lui-même on obtiendra de bons résultats.

Q.— Le galéga épuise-t-il le terrain où il est semé ?

R. — Nous ne le croyons pas. — Il use moins une terre que la luzerne, parce que sa racine étant moins longue, puise conséquemment moins de sucs nutritifs dans le sol qui le porte. La racine de la luzerne est un engrais, celle du galéga en est un également. — On n'a donc pas à craindre quand on le cultive d'épuiser pour de longues années un champ quelconque.

CHAPITRE IV.

De la semence et de la multiplication du Galéga.

Q. — Dites-nous quelque chose de la semence du galéga?

R. — La graine de galéga, un peu plus grosse que celle de la luzerne, ressemble à un petit haricot ou rognon. Sa couleur verdâtre, si on l'a récoltée un peu avant sa maturité, est d'un jaune clair, quand elle est sèche, et prend avec le temps une teinte brunâtre.

Q. — Comment se forme-t-elle?

R. — Aux fleurs en forme de longs épis blancs, nuancés de bleu, succèdent des gousses arrondies, menues, longues, qui contiennent la graine. Chaque gousse en renferme de huit à dix. Les fleurs, d'ordinaire, commencent en juin et finissent en septembre. Elles se succèdent sur la tige à mesure qu'elle grandit. Ainsi les fleurs d'en bas étant écloses, et la plante grandissant toujours, on voit des boutons vers l'extrémité supérieure devenir des fleurs. Or, comme cette croissance est indéfinie, il arrive que les premières fleurs écloses sont en graines, tandis que celles d'en haut sont à peine ouvertes.

Q. — Que faut-il faire alors?

R. — Il faut, si l'on veut récolter de la graine, couper les gousses de la partie inférieure de la plante de peur qu'elles ne s'ouvrent et que la semence ne soit perdue.

Q. — Comment faire pour extraire la graine de la gousse qui la contient?

R. — On fait sécher les gousses au soleil ou dans un four très-peu chauffé ; on les bat au fléau afin de débarrasser la graine de son enveloppe. On pourra aussi sans inconvénient faire passer les gousses sous la meule d'un moulin à huile ou à plâtre. — Enfin chaque cultivateur fera comme il le jugera à propos.

Q. — Le galéga donne-t-il beaucoup de graines?

R. — Beaucoup. Il est difficile d'indiquer un chiffre bien positif, car la quantité de la graine varie avec les saisons et les terrains. Ce qu'il y a de sûr, c'est qu'on en récolte beaucoup. De plus, on peut en avoir à la première floraison, et la première année, ce qui ne se fait pas d'habitude pour le trèfle et la luzerne. Une fois la graine extraite de sa gousse, il faut la mettre en sacs et la tenir dans un endroit sec. Il convient aussi de la remuer de temps à autre pour empêcher la vermine de la piquer, quoique le plus souvent une graine, même piquée, soit excellente et germe très-bien.

Remarquons en finissant que la graine de galéga se multipliant singulièrement une fois qu'on en a semé, il est plus que probable qu'on n'aura jamais plus besoin de s'en procurer ailleurs que dans son propre champ.

CHAPITRE V.

De l'époque où il faut semer le Galéga et comment il faut le semer

Q. — Quand faut-il semer le galéga, et comment faut-il le semer ?

R. — Toute température de seize degrés est favorable aux semailles de cette plante. Par conséquent on peut assigner trois époques pour les faire : mars, mai et septembre.

Q. — Laquelle de ces trois époques conseillez-vous?

R. — L'automne. Cependant les froids excessifs du nord peuvent nuire à la jeune plante, quoique en pays tempéré elle ne risque rien. Si l'on sème en automne, ne pas dépasser le mois de septembre.

Q. — Pourquoi l'automne vous paraît-elle l'époque la plus favorable?

R. — Parce que toute graine demandant d'ordinaire, pour germer, un mélange de fraîcheur et de douce chaleur, c'est en automne qu'on trouve ces deux causes de végétation réunies. — De plus, le galéga préférant l'humidité à la sécheresse, si l'on sème en septembre, on va de la saison sèche de l'été à une saison plus fraîche, ce qui convient évidemment au galéga. Enfin, en semant au mois de septembre, la plante se développe pendant trois mois de température bénigne et fournit une coupe en avril tout à fait comme le foin ordinaire.

Q. — L'ensemencement de mars et de mai n'est-il pas avantageux?

R. — Oui, à cause des pluies tièdes du printemps; mais comme la chaleur de cette saison est quelquefois si subite et si intense, qu'elle peut nuire au galéga trop jeune encore, je préfère les semailles de septembre.

Q. — Combien faut-il de temps à la graine pour sortir de terre?

R. — Celle que j'ai semée a mis de dix à quinze jours. — J'en ai vu sortir de terre au bout de huit jours, mais on peut établir quatorze jours comme temps nécessaire à l'éclosion de la graine semée dans un champ.

Si on voulait avoir un champ pour ainsi dire tout fait en peu de temps, on pourrait semer sous couche en janvier, et la chaleur venue, on transplanterait le galéga. Cette méthode est employée par les jardiniers ; le cultivateur peut l'employer, tout dépend de sa patience ; ce que je puis assurer, pour l'avoir fait moi-même, c'est que le galéga ainsi repiqué réussit très-bien.

Q. — A quelle profondeur faut-il ensevelir la graine de galéga ?

R. — A un centimètre au plus, parce que la graine étant menue, trop couverte elle n'aurait pas la force de sortir de terre. Quand on sème, dit un savant agronome, il est deux principes généraux qu'il ne faut pas oublier. D'abord, la graine doit être d'autant moins recouverte de terre qu'elle est plus fine ; ensuite elle pousse d'autant plus de chevelu que la terre est plus ameublie. La graine de galéga étant plus fine, il faut la semer de manière à la dérober à l'action de la lumière et des brusques variations de la chaleur. De plus, il faut que le terrain soit un peu humide à l'époque des semailles, et quoique le galéga ne craigne pas la sécheresse, il ne faut pas oublier que ce n'est pas à l'époque où on le sème, mais quand il a au moins trois ou quatre mois.

Q. — Comment faut-il semer?

R. — On peut semer de deux manières : 1° A la volée, en mêlant un sixième de sable à la semence. 2° En ligne ou au cordeau.

Q. — Lequel de ces deux modes est préférable?

R. — Tout dépend du goût du semeur et du terrain où il sème. — Par exemple, si l'on sait que le terrain n'a pas de mauvaise herbe et ne demande pas de sarclage, on fera bien de semer à la volée. Si, au contraire, il faut sarcler, on sème à la ligne et on laisse un sillon libre, d'espace en espace, pour pouvoir le faire.

Q. — Mais le sarclage n'est-il pas un grand inconvénient?

R. — C'est un inconvénient commun à la culture de toutes les plantes les plus utiles, telles que le blé, la luzerne et autres. Ce n'est qu'en nettoyant souvent son champ que le cultivateur empêche la luzerne de se transformer en mauvaise prairie. Du reste, le sarclage du galéga n'est nécessaire que les deux premiers mois ; une fois *parti*, comme disent nos paysans, il s'élève au-dessus de la mauvaise herbe et l'étouffe.

Q. — Peut-on semer le galéga conjointement avec du blé et du maïs ?

R. — Oui, on le peut, et ceci est laissé au choix du cultivateur. On sème alors au cordeau, à la distance de 0ᵐ 60 centimètres en tout sens, et on remplit les vides avec le blé, l'orge, l'avoine ou le maïs.

Q. — Dites-nous quelque chose de la préparation du terrain ?

R. — Il faut, dit le *Dictionnaire de la vie pratique*, deux labours profonds suivis d'un hersage. — Après quoi on répand sur cette terre, ainsi préparée et fumée, la graine de galéga, qu'on recouvre d'un centimètre de terre. Si la culture est petite, on fait ce travail de plombage avec un rateau ; si elle est grande, il ne faut pas se servir de la herse, mais d'un rouleau, afin de bien mettre la terre en contact avec la graine, ou d'une planche avec laquelle on la tasse. On pourrait encore pour ce plombage se servir de la herse, mais renversée, ou d'un fagot d'épines. Au bout de quelques jours on aperçoit sortant de terre deux petites feuilles opposées sur une seule tige qui les supporte, puis ces deux feuilles sont bientôt suivies d'autres qui poussent toujours par paires. Au bout d'un mois la plante est déjà grande et donne de belles espérances au cultivateur. A cette époque, elle a fait sa racine, sa tige, et se met à croître à vue d'œil. A Montrottier, ma culture, en trois terrains divers, a donné des tiges de un mètre vingt centi-

mètres en trois mois, et en bon terrain ; dans un médiocre, les tiges mesuraient quatre-vingts centimètres de hauteur ; et dans un mauvais, cinquante centimètres. Or, quelle est la luzerne et le trèfle qui
mesurent cinquante centimètres au bout de trois
mois? Et à supposer que le galéga ne soit pas plus
productif que la luzerne, ne l'emporte-t-il pas sur
elle par sa richesse nutritive?

Q. — Quelle quantité de graines faut-il pour semer un hectare ?

R. — Le *Dictionnaire universel de la vie pratique*
conseille vingt kilos à l'hectare, c'est suffisant ;
mais je crois que trente à quarante et même cinquante kilos seraient plus convenables.

Q. — Dites-nous quelque chose de la reproduc-
tion du galéga?

R. — Le galéga se reproduit par ses graines,
nous l'avons déjà vu : de plus, on peut le multiplier
par ses drageons. Le galéga, dit M. Clouet, n'est pas
seulement vivace, il a, par dessus toutes les autres
plantes qui ont la même prérogative et qu'on a cou-
tume de mettre en prairies artificielles, l'avantage
si désiré et si précieux de se multiplier par les drageons qui partent latéralement de sa racine, lesquels
s'enracinent à leur tour et forment autant de plants
particuliers, au moyen desquels il se perpétue de
lui-même dès qu'il a pris naissance une fois dans
quelque terrain, sans qu'il soit nécessaire de le dé-

truire pour en semer de nouveau, comme on en use
à l'égard des autres plantes vivaces dont on fait des
prairies ambulantes, lorsqu'elles dégénèrent au bout
de quelques années. Ces drageons donnent abondamment de quoi faire des plantations qui profitent
dès la première année.

Ceci explique pourquoi le galéga persiste si longtemps dans un même terrain ; il se sème de lui-
même. C'est donc une économie de temps et de
graine, à cause des drageons qui donnent des
plantes pour ainsi dire toutes faites.

CHAPITRE VI.

Quand et comment faut-il faucher le Galéga.

Q. — Quand faut-il faucher le galéga ?

R. — Si on a semé en automne, comme la plante
est adulte et formée, on peut faucher au mois d'avril
suivant, si le galéga mesure, à partir de terre, une
tige de 40 centimètres.

Q. — Pourquoi à 40 centimètres ?

R. — Parce que, à cette hauteur, le galéga est
tendre, herbacé, et que les animaux le mangent
avec plaisir.

Q. — Et, si le galéga n'était semé qu'en mars,

avril ou mai, faudrait-il le couper aussitôt qu'il atteindrait 40 centimètres ?

R. — Je ne le conseille pas, car toute plante encore jeune doit être ménagée. On fauche peu la luzerne la première année; on l'épargne afin qu'elle donne plus l'année suivante, ainsi doit-on faire pour le galéga. On sait du reste que les feuilles d'une plante sont des organes respiratoires et vivificateurs: si on les lui enlève quand sa racine est encore faible, on la prive d'un élément de vie si important, que c'est l'exposer à dépérir.

Q. — Comment faut-il traiter le galéga pendant la fauchaison ?

R. — On le fauche avec la faux ordinaire et le plus près de terre possible, ce qui suppose qu'avant de le semer on a eu soin de bien épierrer le terrain. Une fois cette opération terminée, il s'agit de le faire sécher de manière à conserver les feuilles, qui sont la partie de la plante la plus nutritive; pour peu qu'on prenne ce soin, on les conservera sans peine; car, à l'encontre du trèfle et de la luzerne, qui se dépouillent très-facilement, le galéga ayant beaucoup de fibres retient bien sa feuille. On écarte ensuite les tiges fauchées, sur le terrain ; on les retourne deux ou trois fois avec une fourche dans la journée, on en fait de petits tas qu'on aère plusieurs fois encore; enfin, on fait du tout plusieurs meules qu'on emmagasine.

Q. — Est-il prudent de faucher le galéga à l'approche de l'hiver?

R. — Il y a deux espèces de galéga — l'officinal et l'oriental. — L'officinal ne doit pas être fauché quand l'hiver arrive, du moins, je ne le conseille pas. — L'oriental, qui semble plus exigeant que l'autre, quant à sa culture, végétant sous la neige, peut se couper sans difficulté ni péril pour lui-même, à l'entrée de l'hiver.

Q. — Comment faut-il traiter le galéga après une coupe?

R. — Le *Dictionnaire de la vie pratique* dit qu'il faut relever la végétation par du fumier, soit un engrais, soit un stimulant; mais il ne faut pas en abuser, car le galéga est assez vigoureux, et n'a pas besoin, surtout dans les bons terrains, d'être forcé à produire par une quantité extraordinaire d'engrais. Maintenant, quand faut-il fumer le champ de galéga, quelle quantité de fumier faut-il, etc? — Je ne peux le dire d'une manière absolue, c'est à chaque agriculteur de juger de l'opportunité de ces opérations.

Q. — Mais, la terre doit finir par se durcir avec le temps, elle est alors moins perméable à l'air. Comment faire pour l'ameublir et dépouiller le champ de galéga de sa mauvaise herbe s'il en a?

R. — Pour attendrir la terre et la purifier, il faut tout simplement la labourer.

On se sert, à cet effet, d'une charrue légère, qu'on enfonce en terre à deux pouces de profondeur environ, afin d'enlever en même temps la mauvaise herbe, ou d'une herse à dents de fer, mais courtes, bien entendu. On ne doit pas avoir peur d'endommager la plante, elle a des racines aussi résistantes que celles de la luzerne. Ce labour se pratique au printemps quand la terre est encore fraîche et humide.

Q. — Le galéga n'a-t-il rien à redouter du gramen et de la cuscute qui étouffent d'ordinaire le trèfle et la luzerne?

R. — Non. — Jamais on ne voit ces herbes parasites dans les champs ou est semé le galéga, et, en général, les mauvaises herbes ne peuvent guère grandir à côté de lui, il croît rapidement et les étouffe sous l'épaisseur de son feuillage.

CHAPITRE VII.

De la quantité de fourrage que rend le Galéga.

Q. — Que peut rendre le galéga?

R. — D'après nos expériences et celles de beaucoup d'autres agriculteurs, on peut, si on a semé le galéga en automne, c'est-à-dire en septembre, faire trois coupes — une en avril et les deux autres d'avril en octobre. Pour les années suivantes, je pense qu'on peut faire en moyenne quatre coupes.

Q. — Prouvez votre dire.

R. — C'est facile. — M. Gillet-Damitte et quatre-vingts instituteurs du Cambraisis, ont obtenu ce rendement, des agriculteurs belges l'ont obtenu aussi. Les tiges de galéga que j'ai présentées aux comices de l'Arbresle, mesuraient $1^m,20$ à $1^m,40$ centimètres par coupe, c'étaient bien trois coupes que m'avait fourni le galéga ; c'était donc un rendement plus grand encore que je ne l'ai avancé, car ces tiges n'avaient que trois mois, tandis que j'établis, en général, que la première année, c'est-à-dire, d'un automne à un autre, on peut obtenir trois coupes.

Q. — Mais, si l'on veut la graine, pourra-t-on obtenir un tel rendement?

R. — La graine pour se former et mûrir, employant tout le temps qui s'écoule de juin à septembre, on comprend que la coupe de ces trois mois sera sacrifiée; mais comme la graine est rare et chère, on fera bien d'en récolter le plus possible. En deux années on peut en récolter assez pour n'avoir plus besoin d'en acheter.

Q. — Evaluez en quintaux ordinaires le rendement du galéga.

R. — Pour répondre d'une manière absolue à

cette demande, il faudrait que les terrains, les saisons, les engrais et l'intelligence de chaque agriculteur fussent invariables. Comme ils ne le sont pas, je ne puis donner un chiffre absolu au-dessus ou au dessous duquel on ne puisse arriver. Il a été dit plus haut que, la première année, le galéga rendait trois coupes et les années suivantes quatre. Pour ne rien exagérer et ne pas inspirer de folles espérances, supposons quatre coupes seulement par année. De plus, le poids de fourrage vert d'un mètre carré pouvant varier, admettons deux kilos de fourrage vert par mètre carré, au lieu de quatre et cinq qu'il a rendus. Une coupe de deux kilos par mètre carré rendrait vingt mille kilos à l'hectare. Quatre coupes rendraient quatre-vingts mille kilos. Il faut admettre pour la dessication les trois quarts de déchet ; il reste donc vingt mille kilos de galéga sec, ou quatre cents quintaux de fourrage. Je suis persuadé que, dans bien des terrains, le rendement sera plus considérable ; mais je m'en tiens à celui-ci, c'est plus sûr et moins décevant pour ceux qui auront le malheur de ne pas réussir.

Rapprochons de ce rendement de quatre cents quintaux celui du trèfle, de la luzerne, du sainfoin et du foin de prairies. D'après la moyenne donnée par les agriculteurs, un hectare de luzerne rend douze mille kilos par an ou deux cent quarante quintaux. — Un hectare de prairie ordinaire, cinq mille kilos ou cent quintaux ; un hectare de trèfle, neuf mille kilos ou cent quatre-vingts quintaux. — Ls sainfoin rend sept mille kilos ou cent quarante quintaux.

L'avantage reste donc au galéga, et on peut dire, en admettant quatre cents quintaux pour base de la comparaison, qu'il rend à peu près une fois plus que la luzerne, deux fois et demie comme le trèfle et quatre fois comme le foin ordinaire.

Q. — Mais ce rendement a-t-il lieu partout?

R. — Non, il n'a lieu que dans les bonnes terres.

Q. — Qu'en concluez-vous?

R. — Qu'il faut traiter le galéga avec intelligence, et ne pas exiger d'un terrain usé ce qu'un bon peut seul donner.

Q. Que pourrait rendre le galéga semé dans un mauvais terrain?

R. — Il rendra toujours plus que le trèfle, la luzerne et le maïs qu'on y sèmerait. Je dis plus : il donnera quelque chose où la luzerne, par exemple, ne donnerait rien. J'ai obtenu en terre pulvérulente, sèche et usée, des tiges de cinquante centimètres, après trois mois de semailles; la luzerne les eût-elle données? Non, pas plus que le trèfle.

Qu'on sème du trèfle ou de la luzerne en mauvaise terre, et on verra la vérité de ce que j'avance.

CHAPITRE VIII.

Le galéga est-il une nourriture saine pour le bétail?

Q. — Le galéga est-il une nourriture saine?

R. — Avant de répondre à cette question, je dois d'abord constater que la cause du galéga est gagnée relativement à sa rusticité et à sa prodigieuse vigueur. Tous les agronomes qui ont parlé de cette plante s'extasient sur son ubiquité : *elle pousse partout, on la trouve partout*. Sa fécondité est merveilleuse, ajoutent-ils, au point que sa vue seule ferait désirer aux agriculteurs d'en faire des prairies artificielles. Bosc parle de la beauté et de la vigueur du galéga, de sa facilité à s'accommoder à tout terrain, de l'abondance de son produit et de son aptitude à se reproduire de lui-même. Il suffit d'avoir cultivé cette plante pour se convaincre de la vérité des assertions de ce grand auteur. Voici un passage remarquable écrit en 1798, dans la revue économique dirigée par l'illustre Parmentier et Deyeen :

« Le galéga vulgaire réunit toutes les qualités qu'on peut désirer pour former une excellente prairie artificielle. Une expérience de quinze années et plus me convainc qu'il est un aliment très-sain et très-nourrissant pour toutes sortes de bétails, principalement pour le cheval et pour les bêtes à cornes qui le mangent avec une grande avidité, et auxquels il donne du lait en abondance, de très-bonne qualité.

« La hauteur à laquelle il s'élève, qui égale quelquefois celle d'un homme d'une taille médiocre, le grand nombre des tiges que porte chaque plante, souvent jusqu'à vingt-cinq et trente, dès la troisième année ; la vigueur avec laquelle il se ramifie, jusqu'à produire des touffes de feuillage de plus d'une brasse de contour ; la promptitude avec laquelle il végète, au point de prendre cet accroissement dans l'espace de trois mois, sont une preuve non contestable qu'une seule récolte de cette plante est plus abondante et plus riche que toutes celles qu'on peut faire en sainfoin, en trèfle et en luzerne pendant tout le cours de l'année. »

Je ne vais donc plus parler du galéga au point de vue de sa culture proprement dite. Je veux prouver que cette belle plante est une nourriture saine, et que par elle-même elle ne peut amener la perte d'aucun animal, Il s'agit de la vie ou de la mort du galéga. S'il est vénéneux, nous devons l'abandonner à l'ornement de nos jardins ; si, au contraire, il est sain, nous devons le propager le plus possible. Or, il n'est aucunement vénéneux, et je le prouve d'abord par le témoignage des anciens. Ils n'auraient pas donné à une plante à principes empoisonnés le nom d'herbe au lait, ce serait un non sens. Les botanistes anciens, comme Dioscorides et Gallien, parlent de ses vertus médicales, de son suc pris à doses très-fortes et répétées, de sa graine, qui entrait dans la composition de certains remèdes, de ses feuilles mangées après les avoir fait cuire, ou encore en salade. Or, comment les hommes d'alors auraient-ils pu faire un tel usage de cette plante si elle eût été vénéneuse? C'est impossible. Donc le galéga est une nourriture saine pour l'homme; mais l'est-il aussi pour les animaux, et ne peut-il pas leur faire de mal tout en n'en faisant pas à l'homme?

M. Ferrand, chimiste distingué de Lyon, avec qui j'ai traité cette question, me disait qu'en principe général on pouvait dire que tout ce qui est un poison pour les animaux l'est aussi et à plus forte raison pour l'homme. Si donc le galéga est un poison ou renferme des principes toxiques, il s'ensuit qu'il devrait donner la mort à l'homme plus rapidement encore qu'à un animal. Or, si le galéga, pris à fortes doses et différentes fois, ne m'a pas fait de mal, si, utilisé par la médecine pour les remèdes internes, il ne fait mourir personne, j'en conclus que cette plante est une nourriture saine et ne renferme aucun principe toxique pour les animaux. Je dis plus : à supposer que le galéga soit un poison pour l'homme, il ne s'ensuit pas qu'il soit

nuisible aux animaux, car il existe un autre principe général qui dit : d'ordinaire il faut pour tuer
un animal une dose de poison beaucoup plus forte
que pour tuer un homme. Cette dose peut quelquefois être centuplée. Ainsi, cinq à dix centigrammes
d'arsenic suffisent pour faire mourir un homme,
tandis que certains animaux, la brebis et le cheval,
en supportent trois à quatre grammes, ce qui fait
cent fois plus. Donc, si le galéga était un poison
pour l'homme, on ne pourrait même pas en conclure
qu'il est malsain pour les animaux.

Je crois avoir prouvé suffisamment, par l'usage
que l'homme fait de cette plante, qu'elle n'est pas
malsaine pour le bétail. Que nous dit la science,
qu'a-t-elle découvert dans le galéga? De l'azote, de
la graisse, de l'huile très-bonne dans la graine,
mais de poison aucun, ni à forte ni à petite dose.
Les expériences chimiques n'ont rien saisi de mal-
faisant dans cette plante. Or, la chimie va au cœur
des objets qu'elle analyse. Donc le galéga est sain
et n'a pas de principe toxique.

Enfin, pour prouver péremptoirement que ce
fourrage ne peut que faire du bien au bétail, je
dirai que la chèvre le mange, qu'elle le dévore, au
point qu'on l'appelle l'herbe aux chèvres, et pour
qui connaît la délicatesse de cet animal et combien
il est difficile sur le choix de ses aliments, le fait
seul qu'il mange avec avidité du galéga est la

preuve la plus forte en faveur de l'innocuité de cette fourragère.

M. Ferrand fut appelé, il y a quelques années, pour vérifier si le voisinage d'un four à chaux pouvait nuire aux vignes et aux prairies qui en étaient proches. Ses expériences lui firent découvrir sur les vignes la présence d'un principe fuligineux qui nuisait à leur réussite. De plus, les paysans lui dirent que le fourrage voisin du four à chaux n'étaient pas du goût de leurs bestiaux, et qu'ils n'en mangeaient qu'après qu'on l'avait fait sécher longtemps au soleil. Les bœufs, les vaches, les brebis, ajoutaient-ils, finissent par s'en contenter, mais nous n'avons jamais pu en faire manger à nos chèvres. Ce qui prouve, disait M. Ferrand, que la chèvre est un animal fort difficile sur le choix de sa nourriture, et que si elle mange du galéga, c'est qu'il est bon et sain. Mais, diront quelques agriculteurs, nous avons fait manger du galéga à des brebis qui nourrissaient leurs agneaux et elles sont mortes. Qu'est-ce que cela prouve, je le demande ?

Dites-vous quelle quantité vous leur avez donnée ? Il faudrait bien le savoir, cependant, car si vous donnez trop de galéga à un animal il en mourra certainement comme avec de la luzerne ou du trèfle vert, mangés trop abondamment. La prudence ne dit-elle pas que pour une brebis qui vient de mettre bas, qui allaite ses agneaux, il faut peu de nourriture et surtout qu'il la faut légère? Or, le galéga est très-nourrissant; il en faut peu aux animaux délicats, et, pour les plus robustes une ration toujours bien moindre que la ration ordinaire, est de première nécessité.

Du reste, ne vaut-il pas mieux avoir un fourrage très-nourrissant, dont il faille user avec prudence, que d'enmagasiner des quintaux de fourrage pauvre en sucs nutritifs et qui tiennent beaucoup de place sans être très-utiles?

Pour résumer ce chapitre, je dis que le galéga est une excellente nourriture pour tous les animaux domestiques, chèvres, chevaux, vaches, lapins. etc.

C'est l'avis des anciens,

C'est l'avis des savants,

C'est l'avis des expérimentateurs,

C'est aussi le nôtre.

CHAPITRE IX.

Que le galéga donne beaucoup de lait.

Q. — Le galéga est-il une plante qui pousse au lait?

R. — Le mot galéga signifie qui donne du lait, ou lait de chèvre, ou herbe au lait. Or, pour qui sait combien les anciens avaient l'habitude de nommer les choses par leurs qualités saillantes, on pourrait affirmer que cette herbe est lactigène, rien que parce que son nom l'indique. J'ai pu faire, à Montrottier, quelques expériences relatives à cette question, à plusieurs reprises différentes. J'ai nourri pendant deux ou trois jours et plus, des vaches au galéga et au foin ordinaire; il y avait une différence marquée dans la quantité de lait produite. Affirmer que cette quantité dans la pratique sera toujours d'une moitié ou d'un tiers en plus qu'avec le fourrage ordinaire, ce n'est pas possible, à cause de mille circonstances qui peuvent faire varier un des éléments de la plante au profit d'un autre, à cause du terrain, à cause de la disposition et du tempérament de l'animal. Le galéga que j'ai fait manger était vert; sec, produirait-il autant d'effet? Je ne le sais pas; ce qui est sûr, c'est que le galéga est lactigène.

En 1782, M. Louis Clouet, dans un mémoire sur les plantes fourragères, parlait en ces termes du galéga : « C'est une nourriture qui donne du lait en abondance et d'excellente qualité aux bêtes à cornes qui la mangent. Bien plus, continue M. Clouet, on était tellement assuré de cette propriété lactigène du galéga, qu'on lui attribuait de rendre le lait aux nourrices qui l'avaient perdu. Mathiolli, savant médecin naturaliste de Sienne, écrivait, en 1600, dans ses commentaires sur Dioscorides, que Gallien attribuait au galéga cet effet sur l'espèce humaine. » Du reste, l'expérience est là pour prouver que le galéga est lactigène. D'où provient cette propriété ? La science répond que quand on sert à un animal quelconque un aliment qui renferme des éléments semblables à ceux de son organisme et faciles à entrer dans le mouvement de sa vie, cet aliment produit presque infailliblement tel ou tel effet prévu, Or, le galéga renferme dans sa composition plusieurs, sinon tous les éléments du lait, tels que le chlore, la potasse, etc. Si une vache en mange, elle devra donner une plus grand quantité de lait que si elle prenait une nourriture à laquelle ces éléments fussent étrangers. Des expérimentateurs ont trouvé cinquante pour cent de lait en plus quand ils nourrissaient une vache au galéga. D'autres ont obtenu un tiers seulement. Pour moi, j'affirme que le galéga, ne fît-il avoir qu'un quart de lait en plus, ce serait magnifique. Je m'en tiens aux rendements minimes par principe et par loyauté. C'est l'expérience, je le répète, qui sera juge en dernier ressort de la vertu lactigène du galéga ; tant que je ne la connaîtrai que par les analyses chimiques, je dirai que je crois ; mais quand je la connaîtrai par les résultats nombreux obtenus par les cultivateurs, je dirai que je suis assuré, ce qui vaut infiniment mieux.

Pour amener les cultivateurs à bien comprendre le bénéfice qu'ils peuvent retirer de l'usage du galéga, voici quelques détails qui leur feront plaisir :

Quinze à seize litres de lait par jour sont en moyenne le rendement d'une vache ordinaire. Nourrie au galéga, la même vache en donnera un quart en plus par litre ou dix litres, plus quatre, total vingt litres. D'ordinaire une vache ne donne du lait que six mois de l'année ou cent quatre-vingts jours. — Multiplions cent quatre-vingts jours par quatre litres de lait en plus, et nous aurons sept cent vingt litres de plus ; c'est déjà un beau résultat.

Ce n'est pas tout, avec le lait on fait le beurre. Il faut généralement vingt litres de lait pour faire un kilo de beurre. Or, sept cent vingt litres de lait en plus, divisés par vingt, donnent trente-six, c'est donc trente-six kilos de beurre en plus, produits par une seule tête de bétail, si elle est nourrie au galéga.

CHAPITRE X.

Le Galéga est très-nourrissant.

Q. — Le galéga est-il plus nourrissant que les autres fourrages ?

R. — Sans doute. — Ce qui rend un aliment plus ou moins nutritif, c'est la quantité plus ou moins grande d'azote et de principes gras qu'il contient. Or, M. Sarret, dans une analyse habilement conduite, a trouvé que le galéga renfermait 5, 30 p. %, d'azote et 1, 20 p. %, de principes gras, c'est presque le même chiffre que celui de M. Gaucheron qui avait trouvé dans le galéga, soumis à son analyse, 5, 40 p. %, d'azote et 1, 70 p. %, de principes gras. Or, cette quantité d'azote rend le galéga très-nutritif, plus nutritif que la luzerne qui n'en contient que 1, 92, et que le trèfle qui n'en contient que 0, 50. Donc le galéga est très-nourrissant. De plus il jouit de cet avantage dans l'alimentation de tous les animaux de la ferme. « Le galéga, dit M. Clouet, réunit toutes les qualités pour former une excellente prairie. Il est *sain, très-nourrissant* pour *toute sorte de bétail*, principalement pour les chevaux et les bêtes à cornes qui le mangent avec avidité. Les animaux qui broutent, notamment le cerf et le chevreuil. n'en sont pas moins avides. Il peut leur servir de fourrage dans les parcs et les ménageries, aussi bien qu'aux lapins dans les garennes champêtres et domestiques. » En résumé, je porte à un quart en plus que celle des autres fourrages la valeur nutritive du galéga. Ce qui fait que quand on donnerait

100 kilos de foin ordinaire à une vache, il suffira d'en donner 75 de galéga pour obtenir un même résultat. Ce chiffre, bien entendu, n'est pas absolu, et je crois que dans bien des cas, pour des causes toutes particulières, 70 et même 65 kilos de galéga équivaudront comme vertu nutritive à 100 kilos de fourrage.

Voici, en admettant, 400 quintaux comme rendement du galéga dans une année, les avantages que sa culture offre aux agriculteurs, au point de vue nutritif.

Il faut par an, à une vache, 70 quintaux environ de fourrage, en admettant 11 à 12 kilos comme ration de chaque jour. Avec ces 400 quintaux le cultivateur pourra donc nourrir près de six vaches à 70 quintaux et plus de galéga par année.

Le pourrait-il, avec le fourrage ordinaire? Non. — Car nous avons établi qu'en moyenne 1 hectare de prairie rendait 100 quintaux.

D'autre part le galéga, je l'ai dit, est d'un quart plus nutritif que les autres fourrages. Quand on donnera 100 kilos de fourrage ordinaire il suffira de donner 70 ou 75 kilos de galéga. Or, quatre fois 25 kilos d'économie produisent 100 kilos. — Celui donc qui nourrit son bétail au galéga, a 100 kilos de plus à lui distribuer, que s'il le nourrissait avec le fourrage ordinaire.

Je sais que les chiffres sont brutaux et qu'on peut

trouver sur le papier de beaux résultats qui n'existeront jamais en réalité. Mais qu'on ne l'oublie pas, j'ai calculé, d'après des données très-modestes, et ma conviction c'est que la pratique trouvera des résultats plus riches que mes calculs.

CHAPITRE XI.

Quelques conseils aux cultivateurs de Galéga.

Q. — De quelle manière faut-il user du galéga?

R. — Avec prudence. D'abord si on le fait manger vert il ne faut jamais en donner au bétail à discrétion, Il en est de même de la luzerne.

Il ne faut pas non plus laisser pâturer le galéga, car il produirait comme la luzerne et le trèfle la météorisation ou gonflement des bestiaux et peut-être leur perte.

Il faut ne donner qu'une ration inférieure à celle des autres fourrages d'un quart au moins et même un tiers, car étant plus nourrissant, il en faut une moins grande quantité.

D'ordinaire on le mélangera à d'autre fourrage, quoique à la rigueur on puisse le servir seul. Mais, de même que l'homme n'a pas qu'un seul aliment à son service, et que le fourrage des prés est composé de quatorze à quinze espèces de plantes, de même aussi il ne faut pas condamner le bétail à ne manger que du galéga. Quelle que soit sa valeur, il vient aider les autres fourragères et non les remplacer.

Le bétail mange le galéga, c'est un fait, mais il se peut qu'il le refuse surtout les premières fois. Ce qui arrive du reste pour tout aliment auquel il n'est pas accoutumé. Que fait alors un propriétaire intelligent? Au lieu de se décourager et de jeter la pierre au galéga, il amène ses animaux domestiques à le manger en le mélangeant à d'autre fourrage. Quand on ne le ferait entrer que pour unemoitié dans la consommation du bétail, ne serait-ce pas déjà un grand avantage? Et quand le galéga ne serait pas plus nutritif que les autres fourrages, ne vaudrait-il pas mieux en hiver que la paille et autres aliments aussi pauvres que le cultivateur indigent sert à ses bestiaux? A Montrottier j'ai fait manger du galéga à de nombreux animaux domestiques, devant des paysans peu croyants à l'utilité de cette plante inconnue pour eux ; sur cent vaches huit ou dix le refusaient la première fois. Or, c'était au milieu des prés, à côté d'une herbe connue et goûtée par elles. Que sera-ce donc dans l'étable ou elles n'auront pas de choix. J'ai donné du galéga à des chevaux, à des chèvres, à des lapins, et tous l'ont bien mangé. M. Genest, grainier à Lyon, a semé du galéga dans des terrains qu'il fait cultiver. Il m'a dit que ses bestiaux qui l'avaient d'abord refusé s'en accommodent très-bien aujourd'hui. J'établis en principe qu'on peut habituer un bétail quelconque à toute sorte d'aliment. Il en est de même pour l'homme, ses aliments ne varient-ils pas avec les pays qu'il habite, et ne finit-il pas par s'y accoutumer?

M. Fougerat, propriétaire à Montrottier, du château de Laroulière, qu'entourent cent hectares de prairies, où pâturent chaque année deux ou trois cents bêtes à cornes, m'a dit que souvent il avait rencontré des vaches qui refusaient le trèfle, la luzerne ou le maïs. Pourquoi? Parce qu'elles venaient de pays où ces plantes étaient peu ou pas cultivées. Ne vous effrayez pas, me disait-il, du refus de quelques-unes de ces bêtes à manger du galéga. Je me connais en fourrage, et le galéga est excellent. Encouragé par cet honorable agriculteur de mon pays, je suis heureux de lui en témoigner publiquement ma reconnaissance.

CHAPITRE XII.

De quelques avantages particuliers au galéga.

Le galéga en fleur est une excellente nourriture pour les abeilles. A l'Arbresle et à Montrottier, j'ai vu des cultivateurs qui se sont assurés du fait. Quand une ruche était placée aux environs de plantes de galéga, leurs fleurs étaient constamment visitées par les abeilles. J'appelle l'attention des apiculteurs sur le temps de la floraison du galéga ; elle a lieu en juin, juillet, août et septembre, précisément à l'époque où la chaleur de l'été dévore les fleurs des autres plantes et condamne les abeilles à la famine. Le galéga serait donc la plante mellifère qu'ils cherchent depuis des siècles.

Le galéga est une plante potagère excellente pour la santé. J'en ai mangé souvent en salade, ou cuit à la soupe, ainsi que cela se pratique en Italie. La saveur du galéga se rapproche de celle de la chicorée amère.

Au point de vue médical, le galéga a toujours été regardé comme une plante utile. Ce n'est pas à dire qu'il n'y ait qu'elle de bonne, mais elle apporte son contingent d'utilité dans bien des cas.

Presque tous les médecins anciens l'ont prouvé, et aujourd'hui encore, quoique moins usitée, elle occupe sa place dans le catalogue des plantes médicinales.

On pourrait utiliser le galéga en le semant sur les talus des chemins de fer. Comme sa racine est chevelue, il s'emparerait du terrain et le préserverait des dégradations causées par les pluies d'orages. Son usage pour les talus des canaux serait aussi très-avantageux·

Q. — Que concluez-vous de ce que nous avons dit du galéga ?

R. — J'en conclus qu'il n'est pas d'agriculteur intelligent, aimant son pays et sa famille, qui ne doive faire, selon l'étendue de ses moyens, des essais persévérants pour propager le galéga. C'est aux agriculteurs que j'offre ce petit travail. Sur le nombre, sans doute, il y en aura de plus instruits que moi des choses de l'agriculture ; leurs expériences seront plus sérieuses, plus nombreuses que les miennes, et mieux que moi ils feront faire au galéga son chemin dans le monde agricole ; c'est mon espoir et ma joie. Je leur donne toute propriété sur cet opuscule, et je les invite à en publier eux-mêmes le plus possible, parce que nous n'aurons jamais trop de lumière. Si le galéga réussit, il rendra d'immenses services, j'en suis convaincu. Nous savons que la luzerne est la reine des plantes fourragères ; mais elle veut être traitée royalement, et tous les cultivateurs ne sont pas à même de le faire. Tous, en effet, n'ont pas un terrain profond à lui offrir, et si on le lui refuse, elle n'est pas du tout royale dans son rendement.

Qu'il soit donc permis au galéga, plus humble et moins difficile sur la qualité du sol, de prendre une petite place après elle et d'être quelque chose dans la famille des plantes fourragères.

Quand le paysan possèdera un vaste champ de

galéga, il sera plus riche, car il aura plus de fourrage, plus de bétail, plus de beurre, plus de lait,
plus d'engrais, sans cependant payer un sou de plus
de ferme. Et nous, qui vivons de ses labeurs, nous
profiterons de son bien-être, et nous ne paierons
pas aussi cher les aliments les plus ordinaires de la
vie, le pain, le vin et la viande.

Armons-nous donc de courage, ne rendons pas
inutiles les dons de Dieu, et souvenons-nous du
vieux proverbe de nos pères, « qui a du foin a du
pain. »

Le pain du corps est le soutien de la vie phy-
sique, et ce n'est qu'en ayant ce pain que nous pour-
rons travailler au développement de la vie de notre
âme.

LYON. — IMP. DU SALUT PUBLIC. — BELLON, RUE IMPÉRIALE.

LE GALÉGA

Dans l'impossibilité où je suis de répondre à tous ceux qui m'honorent de leur confiance, je leur envoie cette brochure, qui répond à toutes les questions.

Imprimerie BELLON